Die Erde,
die uns trägt

Die Erde, die uns trägt

Mit Texten von Alain Serres
und Illustrationen von Zaü

Deutsche Fassung von Tobias Scheffel

Ravensburger Buchverlag

Die Erde,

die uns trägt

Vorwort

Beim Betrachten der Erde von oben habe ich gelernt, dass es überall auf ihr Leben gibt, dass alle Lebewesen auf ihr miteinander verbunden sind und sich alles ständig weiterentwickelt. Wälder, Flüsse, Wüsten, Packeis, Gebirge, Inseln und Ozeane hängen miteinander zusammen. Wir Menschen bewohnen die Erde gemeinsam mit allen Lebewesen, mit den rosa Flamingos in den afrikanischen Salzseen genau wie mit dem allein lebenden Bär in den weiten Polargebieten. Jeden Tag verleihen Pflanzen, Tiere und Menschen unserem Planeten ein neues Gesicht. Diese atemberaubende Vielfalt berührt mich bei jeder neuen Reise noch so wie bei meinem allerersten Flug.

Unsere Erde trägt Milliarden von Lebewesen, doch nur der Mensch besitzt die Fähigkeit, bewusst zu handeln. Es ist deshalb die Aufgabe des Menschen, über die Zukunft seines Planeten und seine eigene Zukunft nachzudenken. Das ist heute besonders wichtig: Wie gehen wir mit diesem einzigartigen Schatz der Natur um und wie bewahren wir unseren einzigen wirklichen Reichtum? Wir Menschen können verschönern, verwandeln, verteilen – haben aber auch die Macht, auszulöschen und zu zerstören. Diese Macht haben wir bereits auf dramatische Weise missbraucht.

Dieses Buch verbindet Luftaufnahmen mit Tuschezeichnungen und Texten, die sich an Kinder richten. Ich hoffe, dass es alle Leser, ganz besonders aber die jungen, dazu anregt, über die Zukunft unseres Planeten nachzudenken, ihre Stimme für den Umwelt- und Klimaschutz zu erheben und vor allem: aktiv zu werden.
Denn wir müssen gemeinsam handeln und gemeinsam mit allen Menschen den richtigen Weg einschlagen.

Aber, so werden manche einwenden, Kinder haben keinerlei Einfluss. Es sind doch nicht die Kinder, die entscheiden! Dafür können sie jedoch laut schreien, um ihre Eltern zu Hilfe zu rufen, wenn es notwendig ist, und trauen sich Unglaubliches, wenn sie zum Beispiel einen Vogel in Gefahr retten wollen. Um das Leben auf der Erde zu erhalten, müssen wir alle zusammen etwas für ihren Schutz tun. Wie könnte man auch tatenlos zusehen angesichts eines solchen Planeten?

Yann Arthus-Bertrand

Die Erde sorgt für uns:
Wir trinken ihr Wasser und nutzen ihre Pflanzen und Früchte,
um uns zu ernähren.
Wir dürfen diese Schätze verwenden, aber nur in Maßen.
Immer nur so viel, wie nachwachsen kann,
damit auch in Zukunft ausreichend davon vorhanden ist.

Die Vögel fliegen leicht,
gleiten ohne Lärm und Schmutz.
Sie sind keine Last für unsere Erde.
So will ich sein.

Der Baum dient Vögeln und anderen Tieren als Herberge.
Seine Blätter schenken uns frische Luft zum Atmen.
In seinem Schatten ruhen wir uns aus,
an seinem Stamm können wir uns anlehnen.

Was wären wir ohne den Trost der Bäume?

Eine Libelle

beobachtet einen Frosch,
der ins Wasser springt.
Dort entdeckt der Frosch einen Fisch,
der Plankton frisst.
Der Fisch ernährt sich von diesen Organismen,
die ganz winzig sind.
So winzig, dass wir Menschen sie nur
unter dem Mikroskop sehen können.

Im Gleichgewicht der Natur
hat jedes noch so bescheidene Lebewesen eine Aufgabe.

Die Bevölkerung auf der Erde wächst und es gibt immer mehr Riesenstädte: 35 Millionen Menschen wohnen in Tokio in Japan, 27 Millionen in Mexiko-Stadt in Mexiko und 24 Millionen in Seoul in Korea.
In der riesigen Stadtlandschaft zwischen Boston und Washington in den Vereinigten Staaten leben sogar mehr als 40 Millionen Menschen.

Was bedeutet es für die Umwelt, wenn riesige Flächen verbaut werden und täglich Millionen von Autos mit ihren Abgasen
die Luft belasten?

Die Lufthülle um die Erde
ermöglicht das Leben auf unserem Planeten.
Sie hält ihn warm und schützt ihn zugleich
vor zu viel Hitze.
Abgase verändern die Atmosphäre.
Viel mehr Sonnenwärme,
als unser Planet braucht, bleibt zurück.
Für die Gletscher und Polkappen wird es zu warm.

Die Polkappen tauen weg,
das Eis der Gletscher schmilzt,
das Wasser strömt ins Meer
und der Meeresspiegel steigt an.
Der hohe Meeresspiegel überschwemmt
die Küsten.

Über der Atmosphäre
gibt es eine dünne Gasschicht, die Ozonschicht.
Sie schützt die Erde
vor gefährlichen Sonnenstrahlen.
Durch Gase, die wir Menschen verwenden,
wird sie schwer beschädigt.

Wir zerstören,
was uns beschützt.

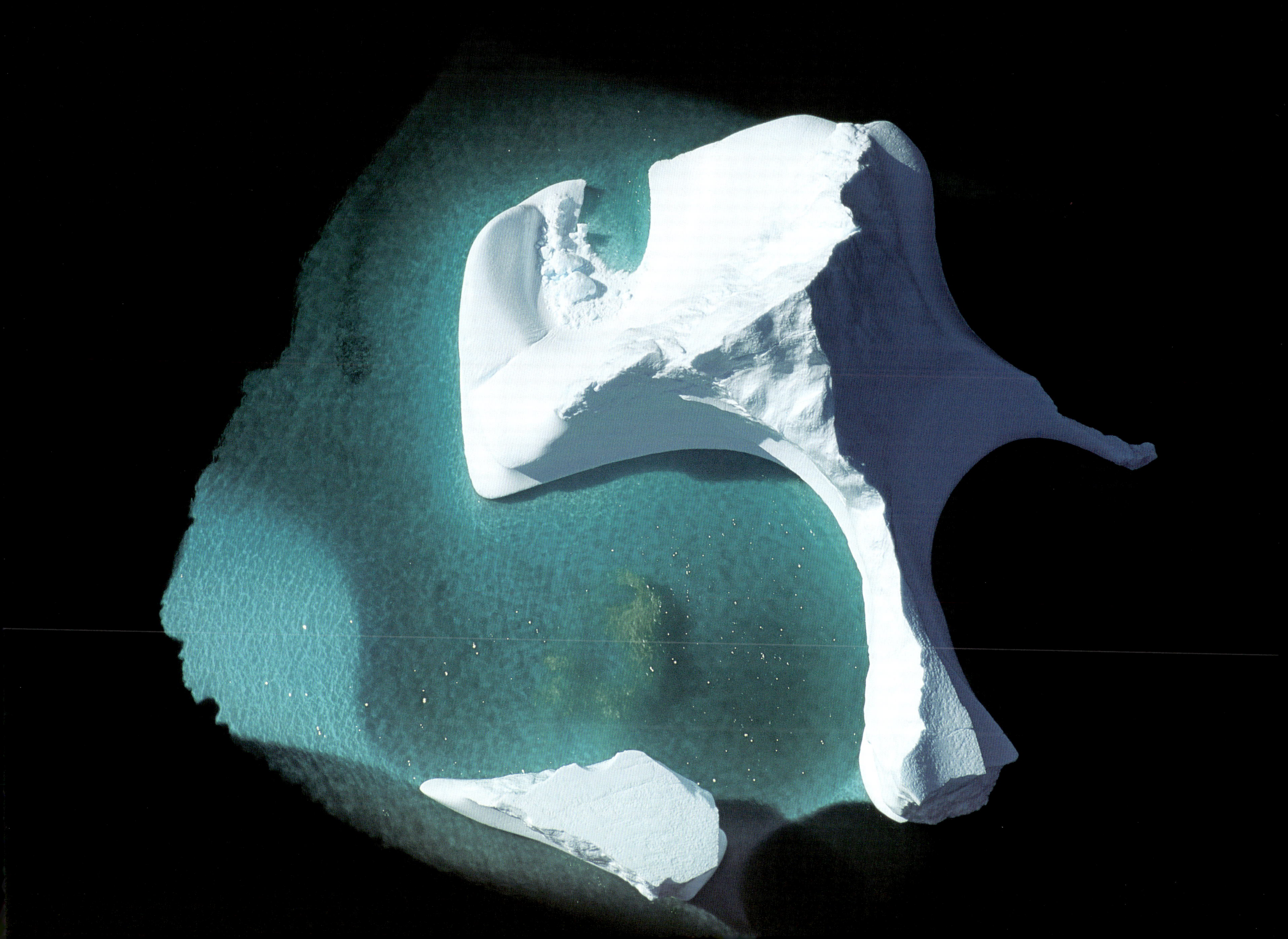

Seit vielen Tausend Jahren wagen sich Menschen zum **Fischfang** hinaus. Aber die Bevölkerung der Erde wächst und immer mehr und immer größere Schiffe drohen die Meere zu überfischen.

Was ist das Meer? „Das Zuhause der Fische, Wale und Delfine“, wirst du sagen.

Wasser ist kostbar und lebensnotwendig.
Doch viele Menschen haben nur die Wahl
zwischen schmutzigem Wasser,
und das kann tödliche Krankheiten verursachen,
oder gar keinem Wasser,
was zur Folge hat, dass sie verdursten.

Auf unserer reichen Erde soll es
nicht genug **Nahrung** für alle geben?
Kannst du dir das vorstellen?
Wie schön wäre es, wenn das Essen gerecht
verteilt würde.
Wenn kein Kind an Hunger sterben müsste.
Wenn wir alle aufeinander achtgeben würden.

Große Maschinen, große Flächen – so bringt die Landwirtschaft einen hohen Ertrag, aber hat auch einen hohen Preis: Sie erfordert extrem viel Wasser, chemische Dünger, Pflanzenschutzmittel und sehr viel Erdöl.

Wir müssen vernünftige Landwirte sein: Wo es an Nahrung mangelt, müssen die Pflanzen angebaut werden, von denen die Menschen im Dorf leben können – und nichts, was nur für die reichen Länder hergestellt wird.

Allein wenn der Fortschritt der Erde und allen Menschen dient, können wir wirklich etwas damit gewinnen.

An manchen Abenden, wenn die Tiere meiner Herde gemeinsam mit der Sonne im trockenen Gras zur Ruhe sinken, kommt leise die **Stunde der Fragen**. Ich frage mich, ob meine Tiere genügend zu fressen bekommen. Ich frage mich, ob es wirklich stimmt, dass das Vieh in manchen Ländern mehr Wasser und Getreide bekommt, als die Menschen in unseren Dörfern brauchten.

Ich frage mich, wie wir meine kleine Herde so gerecht wie möglich im Dorf verteilen.

Die Veränderung des Klimas durch den Menschen führt in vielen Regionen zu **Trockenheit und Dürre**. In diesen Gebieten verschlechtert sich die Qualität der Böden und es kann nichts mehr angebaut werden. Die Bewohner müssen wegziehen, weil ihre Umgebung sich in Wüste verwandelt. Sie werden zu Umweltflüchtlingen. Sie fliehen vor den Kriegen, die der Mensch gegen die eigene Umwelt führt.

Ich will mich
in das Süßwasser
der Ströme und Flüsse kleiden.
Ich will mich in das Wasser
verwandeln und seine kristallklare
Sprache sprechen.
Jede Rinne, jede Furche Ackerland
will ich bewässern,
damit überall Wachstum
möglich wird.

Wie eine Ameisenstraße zieht sich der Bach durch die Landschaft – ein Streifen unberührter Natur und Rückzugsort für zahlreiche Tiere.

Abgase aus Autos und Fabrikanlagen verpesten die Luft und führen zu saurem Regen. Selbst weit entfernt von den Fabriken macht der saure Regen die Wälder krank.
Dass die Brombeeren in meiner Hecke ein bisschen säuerlich schmecken, hat damit zum Glück nichts zu tun.

Die Luft
ist der Atem
der Erde.

Die **Menschen träumen** davon,
immer größer und höher zu bauen.
Doch sollte das Wachstum
im Einklang mit der Natur stehen.

Keine unserer Sandburgen
sollte größer werden als wir selbst.

Jeder Mensch hat ein Dach über dem Kopf,
niemand muss mehr auf Müllhalden
oder in Elendssiedlungen leben,
und beim Bau von Häusern achtet man
auf den Schutz der Umwelt.

Wann wird das sein?

Wir Menschen greifen in die Natur ein
und schaden ihr.
Ihr **Rhythmus** gerät aus dem Takt,
das Zusammenspiel von Temperatur, Niederschlägen und Wind
ist nicht mehr harmonisch.
Wenn die Natur sich wehrt, kommt es zu Unwettern,
Wirbelstürmen oder Überschwemmungen.

Schuhe, die nicht mehr schön aussehen.
Essen, das nicht mehr schmeckt.
Geräte, die nicht mehr funktionieren.

Warum müssen manche Menschen von dem leben,
was andere nicht mehr wollen?

Das Wasser fließt,
der **Fluss** bewegt sich.
Nimmt Umwege in Kauf
auf seinem langen Weg zum Ziel.
Immer nach vorn gerichtet,
nie zurück.
Er kennt keine Grenzen,
keine Länder.

Vielleicht nimmt er mich ein Stück mit?

Fragst du dich manchmal:
„Werde ich später, wenn ich groß bin,
ein Stern am Tänzerhimmel
oder vielleicht doch Sonnenforscherin?“

Nicht überall unter unserer Sonne
dürfen Kinder auch **Kind sein**.
Nicht überall dürfen sie behutsam lernen,
wie man groß wird,
sondern werden gezwungen zu arbeiten.
Sie blicken hinauf zu den Sternen
und träumen von einer Zukunft.

Dass ich ein **Mädchen** bin,
wird mich nicht hindern, zur Schule zu gehen.
Es wird mich auch nicht daran hindern,
selbst zu entscheiden, mit welchem Jungen
ich mich verloben will. Mit einem Jungen,
der mir nie Angst eingejagt hat.

Die **Gleichberechtigung** ist für ihn
so wichtig wie für mich als Mädchen.
Das sage ich auch
meiner kleinen Schwester
und allen anderen,
denen ich das sagen will.

Ich werde Schneiderin
und nähe nur **bunte Kleider**.
Rosa und schwarzen Stoff habe ich schon.
Wenn die Bank mir ein bisschen Geld
für mein kleines Unternehmen leiht, kaufe
ich mir auch goldgelben.

Ich werde einen eigenen Beruf
und ein Kind haben.
Für dieses Kind werde ich Kleider
in Farben schneidern,
wie sie nicht einmal die Natur
zu verbinden gewagt hat.

Auf den **Märkten der Welt**
bieten Händler ihre Waren an.
Sie verhandeln mit den Käufern –
so lange, bis beide Seiten zufrieden sind.

Sollte es so nicht immer sein?

Zwei große Fische hat der Fischer
in seinen Netzen aus dem Wasser gezogen.
Einen davon gibt er den Kindern und Verwandten im Dorf.
Den anderen tauscht er bei den Händlern aus anderen
Ländern gegen Obst ein, das es bei ihm nicht gibt.

Wenn wir alle etwas von dem abgeben,
was wir zu viel haben,
muss kein Mensch hungern.

Eine Dattelpalme bringt reiche Ernte.
Und doch wiegt dieser Reichtum die Schulden
der armen Länder unserer Erde nicht auf.
Ob wir es schaffen, die Armut zu überwinden,
so wie das Flugzeug dort am Himmel die Grenzen
zwischen Ländern überwindet?

Wir Menschen leben zusammen auf unserer Erde.
Wir alle haben ein Recht auf einen Platz,
an dem wir in Frieden leben können.
Und doch führen Länder **Kriege** gegen andere,
um deren Besitz und Bodenschätze zu erobern.
In vielen Ländern müssen sogar Kinder
als Soldaten kämpfen.

Stell dir vor:
Du bist ein **Baum**.
Du wiegst dich rhythmisch im leichten Wind
und ernährst dich von sauberem Wasser.
Du leidest,
wenn das schmutzige Wasser deine Blätter zerstört
und der Sturm dich mitsamt
deinen Wurzeln ausreißt.

Stell dir vor:
Du bist ein Mensch
und kämpfst für das Überleben der Wälder.

In den Weiten der Meere schlägt ein großes Herz –
das Herz der Tiere und Pflanzen, die dort leben.
Sie beobachten wachsam all diejenigen,
die mehr Fische fangen,
als sie in ihren Häusern Teller haben.
All diejenigen, die womöglich
das gewaltige **blaue Herz**
des Meeres fischen.

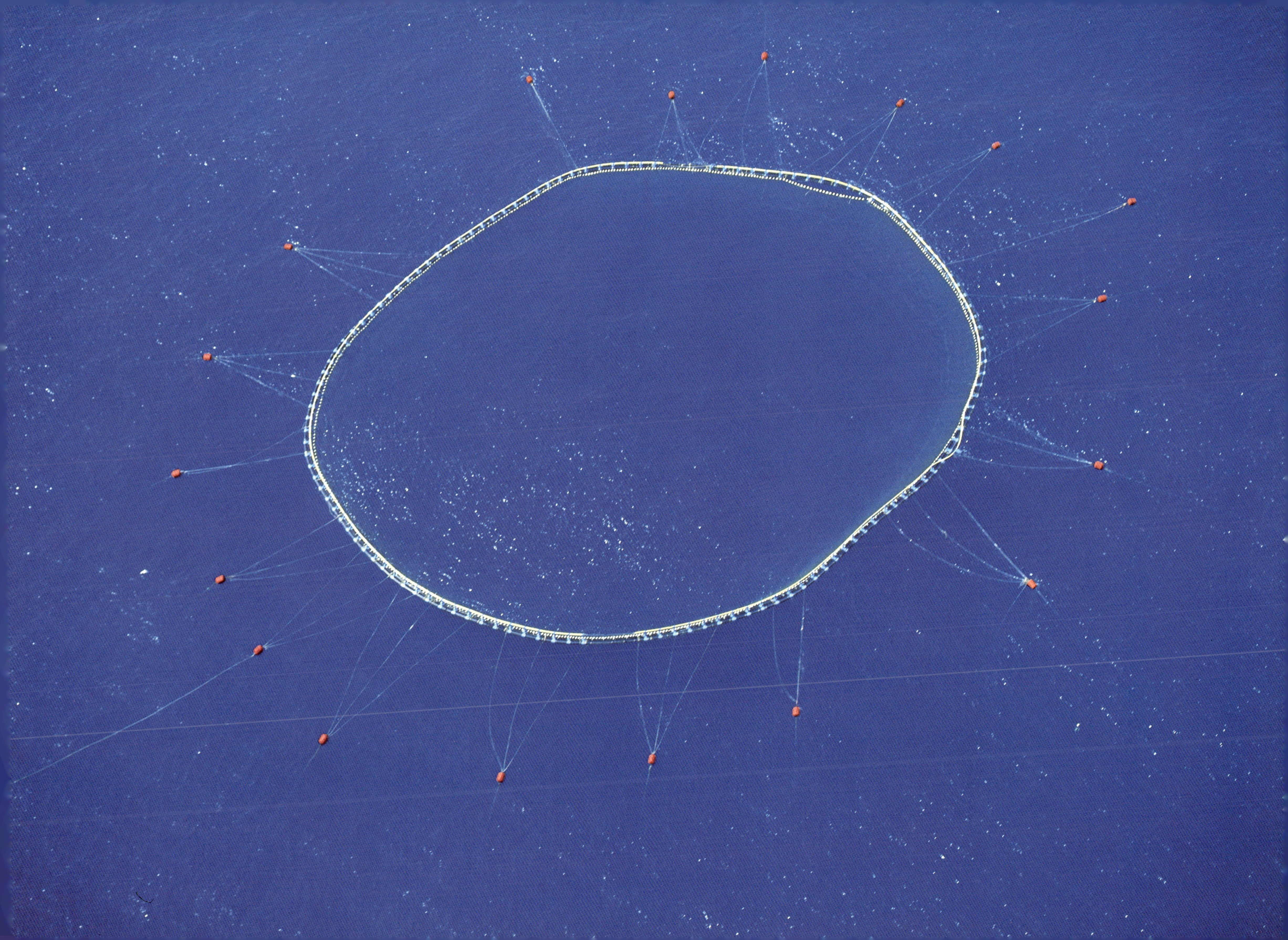

MF

Die **schwarze Fracht**
erstickt die Tiere.
Vögel können nicht mehr fliegen,
Fische nicht mehr schwimmen.

Was macht unser Öl in ihrem Wasser?

Wie ein **Fuß im Sand**
hinterlässt auch deine Lebensweise auf der Erde eine Spur.
Wie viele Bäume sind für dich gefällt worden?
Für dein Papier, deine Stühle, dein Bett.

Das Meer kann zwar deine Fußspuren im Sand verwischen,
die Erde bewahrt deine Spuren jedoch auf immer.

Wir tauchen
zu den Korallenriffen.
Weil wir sie so schön finden, so bunt.

Die Koralle ist ein winziges Tier,
das durch den Klimawandel und die Verschmutzung der Meere
gefährdet ist.

Warum zerstören wir, was wir schön finden?

Mit **anderen Menschen** zusammen zu sein,
ist wichtig für jeden Menschen.
Es ist wichtig, um sich Wissen und Können anzueignen.
Um zu lernen, wie man sich kritisch mit etwas auseinandersetzt,
wie man protestiert, wie man Vorschläge macht
und nach demokratischen Regeln diskutiert.
Um auf diese Weise zu einem Weltenbürger zu werden,
der vor lauter Bäumen trotzdem noch den Wald sieht.

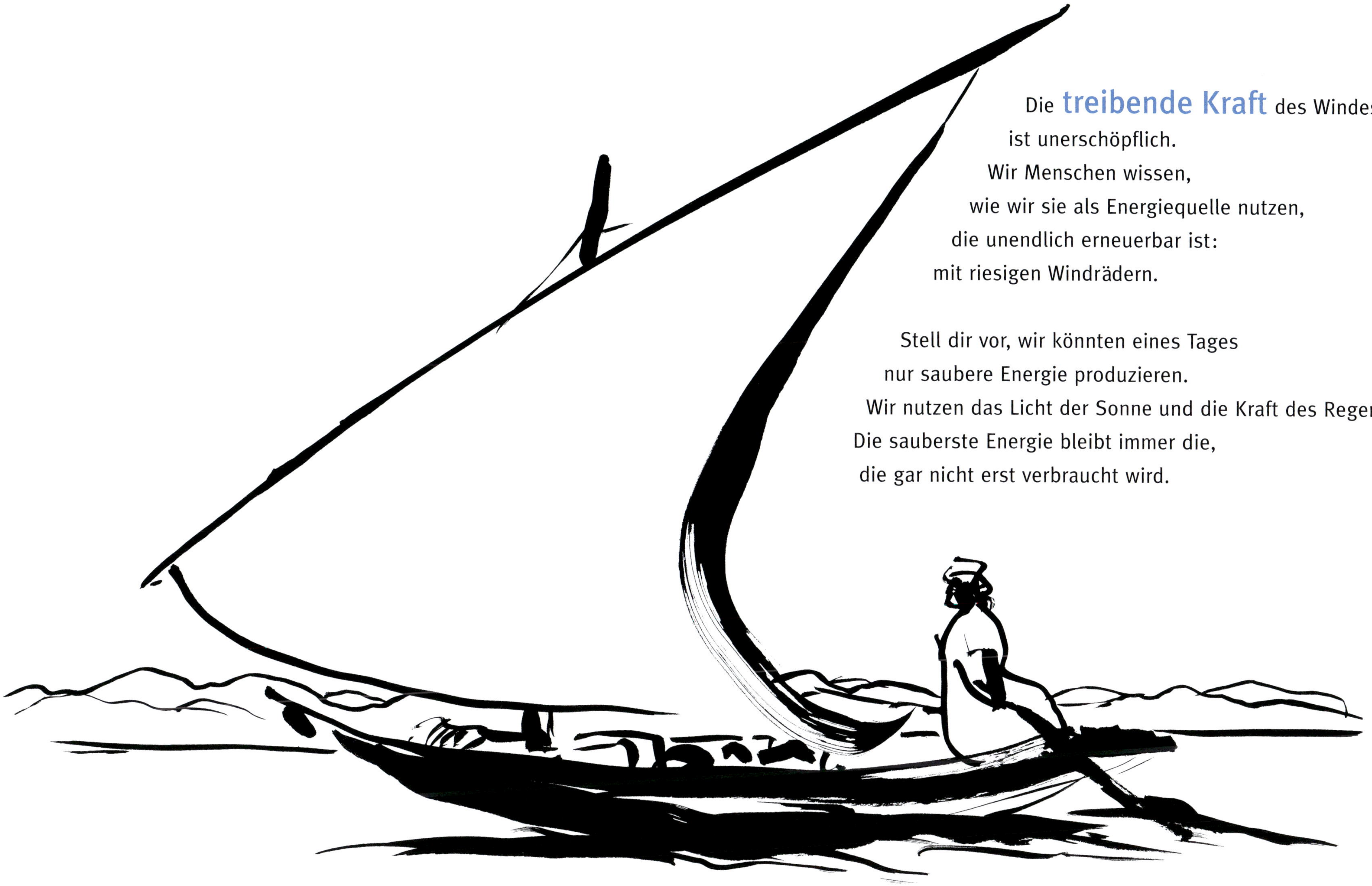

Die treibende Kraft des Windes
ist unerschöpflich.
Wir Menschen wissen,
wie wir sie als Energiequelle nutzen,
die unendlich erneuerbar ist:
mit riesigen Windrädern.

Stell dir vor, wir könnten eines Tages
nur saubere Energie produzieren.
Wir nutzen das Licht der Sonne und die Kraft des Regens.
Die sauberste Energie bleibt immer die,
die gar nicht erst verbraucht wird.

Ich freue mich über
gute Nachrichten.
Schon heute kann man aus Raps,
Mais oder Zuckerrohrabfällen Biotreibstoff
herstellen. Aber wie viel Energie und Wasser
braucht man dafür!
Und außerdem: Wenn unsere Felder unsere
Autos ernähren – wo soll dann die Nahrung für all
die Menschen herkommen, die hungrig sind?
Jede Antwort ist zugleich eine neue Frage.
Ist jede Frage vielleicht auch eine Chance,
sich nicht mehr zu irren?

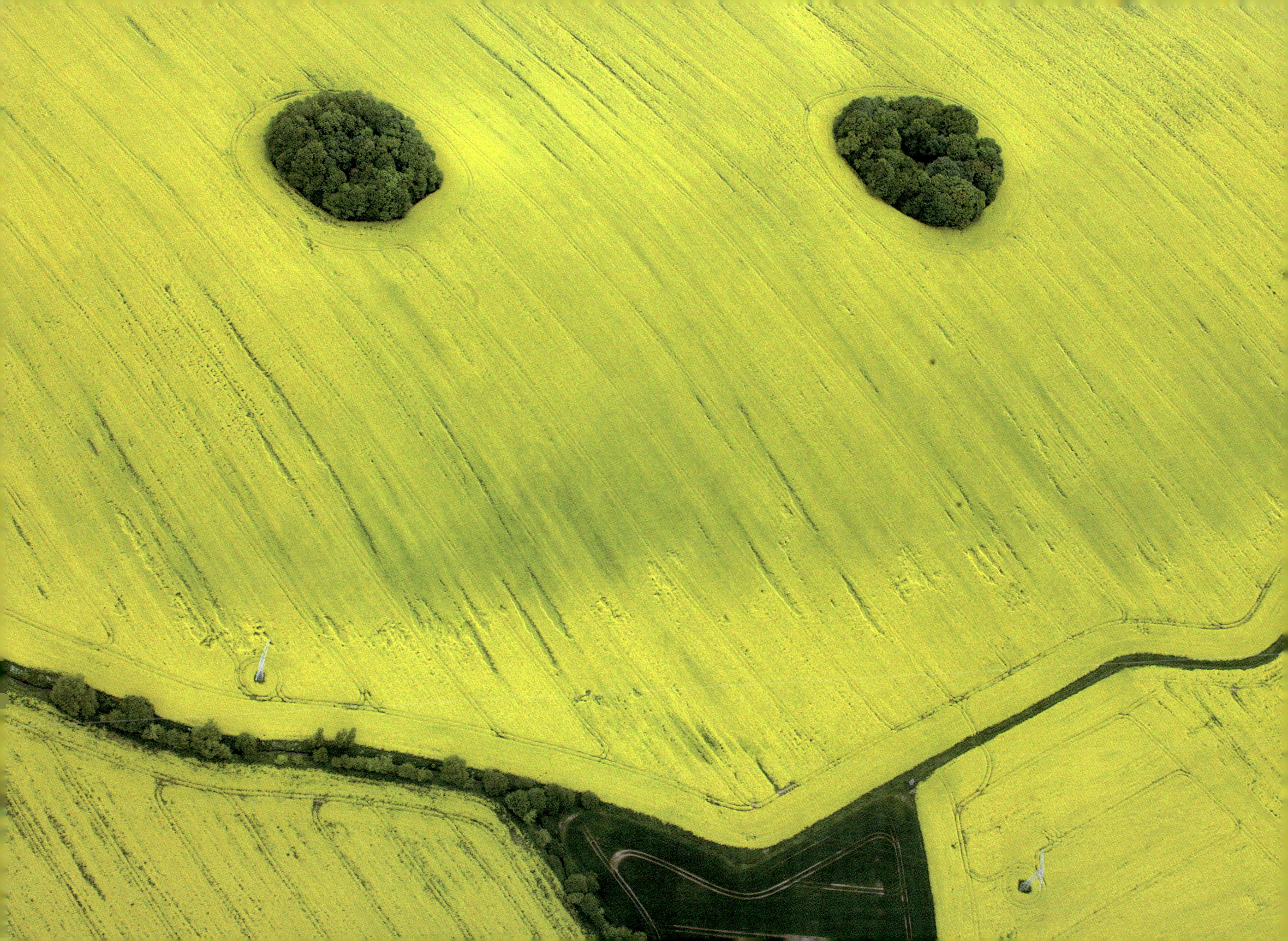

Der Pinguin wird bald vom **Aussterben** bedroht sein.
Die Meeresschildkröten, das Flusspferd, der Buckelwal
und der Eisbär sind gerade vom Aussterben bedroht.
Der Bali-Tiger und der Auerochse sind schon ausgestorben.

Wenn die vielen Tier- und Pflanzenarten,
die heute bedroht sind, aussterben sollten –
warum sollten wir uns dann nicht ebenfalls bedroht fühlen?
Denn unsere Art, die Gattung Mensch,
ist eine Art wie sie.

Die Schönheit der Welt
besteht auch in ihrer Eigenartigkeit.
Eine Gattung zu erhalten,
auf die der Mensch hätte verzichten können,
bedeutet unter Umständen,
auch das Leben des erstaunlichen
Insekts an ihrer Seite zu erhalten.
Erst die Vielfalt des Lebens macht uns deutlich,
was Leben heißt.

Hier

schwimmt, fliegt, treibt,
frisst, wächst,
schreit, raschelt,
schlüpft, atmet,
knospt und grünt es.
Auf dieser kleinen Insel
entdeckst du all das,
was die große Artenvielfalt
auf unserer Erde ausmacht.

Wir brauchen die Kraft der Natur
und das Feuer des Vulkans,
um zu begreifen
und zu warnen.
Aber wir benötigen auch die Zartheit der Mohnblüte,
um auf das Murmeln des Windes zu hören.
Um uns den Beginn des nächsten Frühlings auszumalen.
Wir wollen wachsam sein, Brüder der Luft und der Erde.

Der Erde, die uns trägt.

Bildnachweis

Seite 6

Flussdeltas von Wawoi und Kikori an der
Küste des Korallenmeeres (Papua-Neuguinea)
Satellitenfoto
© Planet Observer/Altitude

Seite 9

Kalkgebirge in der Region Guangxi Zhuang
(Süden Chinas)
© Alessandra Meniconzi/Altitude

Seite 10

Morgennebel über dem Wald Valleret,
im Departement Charente-Maritime
(Frankreich)
© Pierre Mairé/Altitude

Seite 13

Landschaft um den Vulkan Uzon,
auf der Halbinsel Kamtschatka (Russland)
© Philippe Bourseiller/Altitude

Seite 15

Lastkraftwagen in Yokohama,
in der Bucht von Tokio (Japan)
© Yann Arthus-Bertrand/Altitude

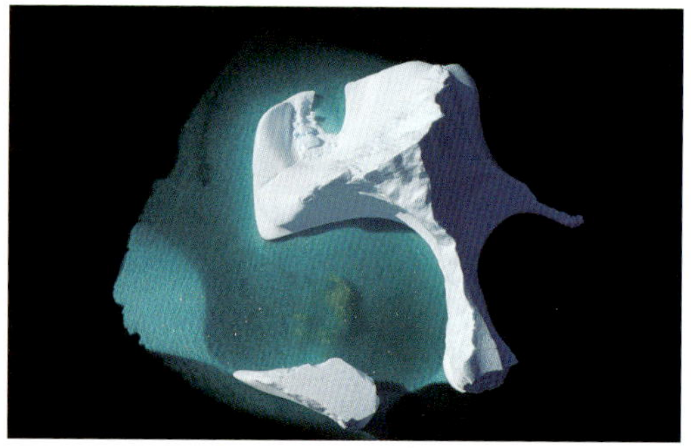

Seite 17

Eisberg bei Labrador (Kanada)
© Jim Wark/Altitude

Seite 18

Fischernte am Strand von Saint-Louis (Senegal)
© Yann Arthus-Bertrand / Altitude

Seite 23

Blühende Kirschbäume bei Saint-Saturnin-lès-Apt, im Departement Vaucluse (Frankreich)
© François Jourdan / Altitude

Seite 24

Erntemaschinen bei dem Ort Two Buttes, im Bundesstaat Colorado (USA)
© Jim Wark / Altitude

Seite 27

Rindergehege im Masai-Mara-Reservat (Kenia)
© Yann Arthus-Bertrand / Altitude

Seite 28

Dorf im fruchtbaren Landstreifen entlang des Nils (Ägypten)
© Yann Arthus-Bertrand / Altitude

Seite 31

Iguaçu-Fälle (Argentinien und Brasilien); aufgenommen von der argentinischen Seite
© Gilles Rivet / Altitude

Seite 32

Bach in einem Grünstreifen zwischen Ackerland
© Claudius Thiriet / Altitude

Seite 35

Zellstofffabrik bei Saint-Gaudens, im Departement Haute-Garonne (Frankreich)
© François Jourdan / Altitude

Seite 36/37

Tal in der Nähe von Vals, im Kanton Graubünden (Schweiz)
© Claude Stahel / Altitude

Seite 38

Zwillingstürme „Petronas Towers“,
in Kuala Lumpur (Malaysia)
© Renaud Van der Meeren / Altitude

Seite 40

Elendsviertel am Stadtrand
von Saint-Domingue
(Dominikanische Republik)
© Yann Arthus-Bertrand / Altitude

Seite 43

Überflutete Felder in Yorkshire (England)
© Jason Hawkes / Altitude

Seite 44

Öffentliche Mülldeponie
(Dominikanische Republik)
© Yann Arthus-Bertrand / Altitude

Seite 46

Fluss Mara im Masai-Mara-Reservat (Kenia)
© Yann Arthus-Bertrand / Altitude

Seite 49

Baumwollstoffe, zum Trocknen ausgelegt,
in der Nähe von Jaipur
im Bundesstaat Rajasthan (Indien)
© Yann Arthus-Bertrand / Altitude

Seite 52

Markt in der Region Masai-Mara (Kenia)
© Yann Arthus-Bertrand / Altitude

Seite 55

Kesselmarkt in Saint-Denis (Insel Réunion)
© Stéphanie Ducandas / Altitude

Seite 57

Segelschiff im Indischen Ozean,
bei Kenia
© Yann Arthus-Bertrand / Altitude

Seite 58

Datteln, zum Trocknen ausgestreut
in einem Palmenhain,
im Süden Kairos (Ägypten)
© Yann Arthus-Bertrand / Altitude

Seite 61

Flugzeuge auf dem Stützpunkt
der US-amerikanischen Luftwaffe von Tucson,
Arizona (USA)
© Yann Arthus-Bertrand / Altitude

Seite 62/63

Herbstlicher Wald im Bundesstaat Maine
(USA)
© Jim Wark / Altitude

Seite 64

Verwüstungen in einem schwedischen Wald
durch den Orkan Gudrun 2005
© Joakim Berglund / Altitude

Seite 67

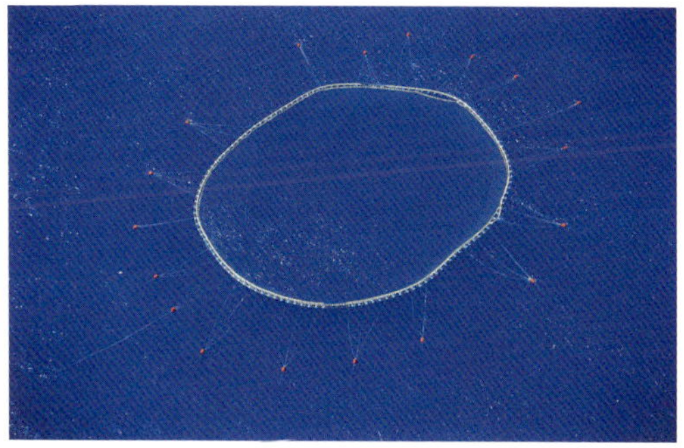

Fischfangnetz im Mittelmeer,
südlich von Spanien
© Philippe Bourseiller / Altitude

Seite 68

Ölteppich im Dezember 1999,
an der Küste des Departements Finistère
(Frankreich)
© Philip Plisson / Altitude

Seite 70

Baumstämme auf einem Fluss (Malaysia)
© Guido Rossi / Altitude

Seite 73

Palauinseln in der Inselgruppe
der Karolinen (Pazifischer Ozean)
© Helen Hiscocks / Altitude

Seite 76

Windkraftanlage an der Atlantikküste,
bei Pontevedra, in Galicien (Spanien)
© Philippe Bourseiller / Altitude

Seite 79

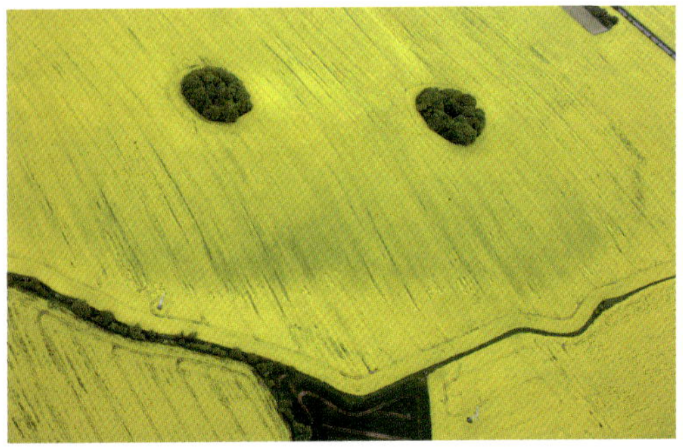

Rapsfeld (Deutschland)
© Hans Blossey/Altitude

Seite 80

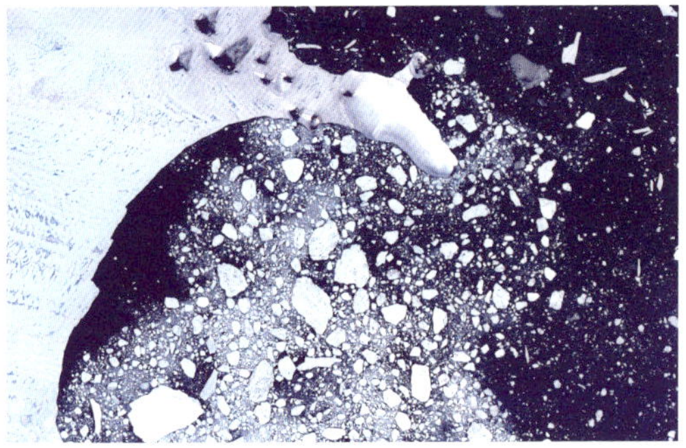

Weddellmeer,
im Osten der Antarktischen Halbinsel
Satellitenfoto
© PlanetObserver/Altitude

Seite 83

See voll Algen im Shoemaker-Krater
(Australien)
Satellitenfoto
© PlanetObserver/Altitude

Seite 84

Kleine Insel auf dem See Nancy,
in Alaska (USA)
© Philippe Bourseiller/Altitude

Seite 87

Kratersee Manaro des Vulkans Lombenben
auf der Insel Ambae (Vanuatu, Südpazifik)
© Philippe Métois/Altitude

Umschlagvorderseite: *© Hans Blossey/Altitude (oben links); © Helen Hiscocks/Altitude (oben rechts); © Alessandra Meniconzi/Altitude (unten links); © Yann Arthus-Bertrand/Altitude (unten rechts)*

Umschlagrückseite: *© Philippe Bourseiller/Altitude*

Bibliografische Information der Deutschen Nationalbibliothek:

Die Deutsche Nationalbibliothek verzeichnet diese Publikation
in der Deutschen Nationalbibliografie.
Detaillierte bibliografische Daten sind im Internet
über **http://dnb.d-nb.de** abrufbar.

4 3 2 1 12 11 10 09

Titel der Originalausgabe: Je serai les yeux de la terre

Text: Alain Serres
Deutsche Fassung: Tobias Scheffel
Illustrationen: Zaü
Redaktion: Yvonne Stein

ISBN 978-3-473-55248-1

www.ravensburger.de

Weiter schauen und staunen

Frühling, Sommer, Herbst und Winter

Dieses Fotobuch ist eine Einladung, die Schönheit der Natur zu entdecken. Mehr als 160 faszinierende Bilder von renommierten Fotografen zeigen in vier großen Kapiteln, wie sich die Natur verändert und wie sich die Tiere und Pflanzen unserer Heimat an den Wechsel der Jahreszeiten anpassen.

ISBN 978-3-473-**55110**-1

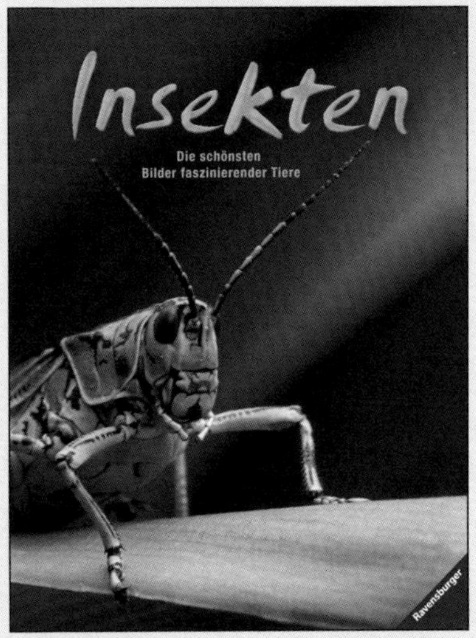

Insekten

Dieser einzigartige Bildband zeigt die verborgene Welt der Insekten in ihrer ganzen Vielfalt und Faszination. Mehr als 150 erstklassige Nahaufnahmen international angesehener Fotografen laden dazu ein, die Besonderheiten der außergewöhnlichen Tiere zu entdecken.

ISBN 978-3-473-**55214**-6

Weltatlas

Der Ravensburger Weltatlas lädt dich auf eine Reise rund um den Globus ein: von Kontinent zu Kontinent, von Land zu Land. Faszinierende Satellitenkarten und mehr als 100 Karten in Reliefdarstellung vermitteln dabei eine topografisch exakte Vorstellung. Mit zahlreichen Informationen über Geschichte, Kultur, Menschen und Besonderheiten der einzelnen Länder.

ISBN 978-3-473-**55224**-5

Zauberklang der Meere

Wenn du dieses Buch aufklappst, hörst du die Stimmen von Walen, Delfinen, Vögeln, Säugetieren, das Geräusch der Brandung und sanfter Wellen. Außergewöhnliche Pop-ups und viele Sachinformationen machen dieses Buch zu einem rundum spannenden Erlebnis.

ISBN 978-3-473-**55242**-9

www.ravensburger.de

Ravensburger